U0235711

建筑师的水彩画基础

[美] 韩金晨　著

机械工业出版社

本书通过画好水彩画必须具备的审美品位、绘画基本规律、水彩画技法三个方面，对建筑师的水彩画进行深入浅出的阐释。水彩画不仅能帮助建筑师表现设计方案，也能帮助建筑师提高审美品位。本书可帮助建筑师和建筑专业学生把水彩画的水平提高到"出色"的程度，可以作为美术课的辅助教材，也适合建筑相关专业人士及对建筑风景水彩画有兴趣的大众读者阅读。

图书在版编目（CIP）数据

建筑师的水彩画基础 /（美）韩金晨著 . —北京：机械工业出版社，2019.8
ISBN 978-7-111-63024-1

Ⅰ . ①建⋯ Ⅱ . ①韩⋯ Ⅲ . ①建筑画—水彩画—绘画—技法
Ⅳ . ① TU204.112

中国版本图书馆 CIP 数据核字（2019）第 120787 号

机械工业出版社（北京市百万庄大街 22 号 邮政编码 100037）
策划编辑：赵 荣 责任编辑：赵 荣 时 颂
责任校对：张晓蓉 封面设计：鞠 杨
责任印制：孙 炜
北京联兴盛业印刷股份有限公司印刷
2019 年 8 月第 1 版第 1 次印刷
210mm×285mm · 8.25 印张 · 2 插页 · 228 千字
标准书号：ISBN 978-7-111-63024-1
定价：59.00 元

电话服务 网络服务
客服电话：010-88361066 机 工 官 网：www.cmpbook.com
　　　　　010-88379833 机 工 官 博：weibo.com/cmp1952
　　　　　010-68326294 金 书 网：www.golden-book.com
封底无防伪标均为盗版 机工教育服务网：www.cmpedu.com

前 言 | PREFACE

撰写本书的目的是为帮助建筑师和建筑专业学生提高水彩画水平。本书也适合建筑相近的专业人士如工艺美术设计师，以及任何对建筑风景水彩画有兴趣的读者。建筑学院可以把本书作为美术课的辅助教材。

绝大多数建筑师都喜爱水彩画，并且正规地学习过水彩画。但不少建筑师在忙于工程设计的时候把水彩画荒废了。一些正在学习水彩画的建筑专业学生在毕业后也很可能会丢掉水彩画。原因可能是建筑师的一些手头工作看上去和水彩画没有直接联系。但这是一件很可惜的事情。因为水彩画不仅能帮助建筑师表现设计方案，也能帮助建筑师提高审美品位。可以说丢掉水彩画是建筑师素质能力的退化。希望本书能把建筑师再次吸引到水彩画的世界里来，并帮助建筑师把水彩画的水平提高到"出色"的程度。

不要以为本书只是讲水彩技法，更不要认为学习水彩只是学习技法。使用本书要注意三个方面，也就是画好水彩画需要具备的三个条件：

1. 高雅的审美品位。
2. 掌握绘画的基本规律。
3. 掌握水彩画的技法。

许多人看重技法是因为技法是"显"的，而审美品位是"隐"的，至于绘画基本规律可以说是"半显半隐"。下面我来做解释：

第一个方面"审美品位"渗透在本书之中，它难于言传，需要你去会意。幸好建筑师大多已具备高雅的审美品位，不难会意。

第二个方面"绘画基本规律"诸如构图取景、明暗对比之类，将在本书中给予言传。规律虽然普遍有效，但规律的运用却是灵活多变的，这就是为什么说它"半显半隐"。你要把这些基本规律作为指导，而不是一成不变的教条。你要善于灵活运用这些基本规律。

现在要着重谈谈第三个方面——水彩画技法。

单纯的水彩画技法诸如怎样涂色、怎样擦洗等是最可直接言传的内容，然而这些也是最千变万化的内容。没有任何作者能在一本书里包含各种水彩画技法，也没有任何水彩画家能宣称他的技法是最好的或是唯一正确的。因此我要特别说明：我谈到的水彩画技法只是我认为好的，我喜欢使用的，并且对我行之有效的方法。这里既包括一些不可违背的原则，也包括纯属习惯性偏爱。你不要受这些方法的约束。开始的时候，你可以模仿我的方法。但任何时候你都完全可以通过你的观察分析和绘画实践做出你的选择。

要画好水彩画必须勤画、多画。画家们常说，You have to make a hundred watercolors before you know how to make one properly。但不要害怕，画一百张水彩画是夸张的说法，况且画水彩画的过程本身并不是苦行，而是赏心悦目的经历。在你画水彩画的过程里会有成功，也会有失败。要知道，大师们也是如此。你从书里看到的，在博物馆里看到的画都是成功的，因为失败的那些画没有放到书里或博物馆里。我在莫奈（Claude Monet）的家里就看到和博物馆里的不能相比的画，其中有的甚至半途而废。然而莫奈仍然是大师。一张画的失败不等于你的失败，因为你从失败里学到了东西，你向成功又靠近了一步。当你终于用湿接法画出美丽的云彩，或用枯笔作出很"帅"的笔触时，那种出自内心的快乐足以补偿你花的心血。更重要的是：你将成为一个不同的建筑师，一个善于画水彩画的、具有高雅艺术素质的建筑师。

韩金晨

目　录 | CONTENTS

绪　论

　　建筑师画水彩画一方面是为了掌握表现建筑的方式，另一方面是为了寻求乐趣，在寻求乐趣的同时也在提高自己的审美品位。

　　建筑表现不仅包括最终的效果图，同时也包括在建筑方案探讨的过程里的草图。用水彩来画建筑效果图和草图的一个优点是它可以和铅笔线或钢笔线结合，从而能比较准确地表现建筑。水彩表现也比较容易使作品更接近各种建筑材料的质感。

　　建筑师可以和职业画家一样画各种题材。但在画建筑物或景观时，建筑师常常倾向于准确地刻画对象。这是建筑师和职业画家在风格上的不同之处。比较一下下面的水彩画（图0-1）。

　　我临摹画家的这幅画是为了作比较。我没有使用画家的原画是为了避免版权问题。临摹时尽量忠实于原作，只是去掉了下面的部分（原作的构图有更多的地面，到图0-1a的下边界）。在这里我无意比较这两幅画的优劣，只是比较作画风格的不同。我根据照片在图0-1b上画了建筑物的真实的轮廓，这丝毫不意味着我在用照片来指摘那幅画不准确，只是想说明建筑师对建筑物的形状比例很敏感，很重视。

a）　　　　　　　　　　　　　　b）　　　　　　　　　　　　　　c）

图0-1　圣马可广场

a）我临摹的某画家作品　　b）该画和建筑准确形体比较　　c）我作为建筑师的作品

从这两幅画的比较中我们可以看到画家掌握非常好的水彩技法（原作表现出的技法比我临摹的好），而且技法的表现在创作里占有较大的比重，而建筑师更注重对建筑物的忠实；画家的构图比较自由，而建筑师喜欢严谨的构图；画家善于概括对象，简化次要的成分，而建筑师倾向于不放过细部，尤其是建筑细部。总的说来，画家倾向于写意。而建筑师倾向于写实。你作为建筑师，可以做你的选择。但我认为物体的形状、比例以准确为好。

我国著名建筑师梁思成和杨廷宝都很擅长水彩。他们的水彩画很准确地表现了建筑物，同时也表现出纯熟的水彩技法（图0-2、图0-3）。

图0-2　罗马斗兽场　梁思成　绘

图0-3　故宫御花园钦安殿　杨廷宝　绘

不仅很多建筑师掌握高超的水彩技法，有些建筑师甚至成为有名的专业水彩画家，最著名的例子就是西奥多·考茨基（Theodore Kautzky）（图0-4~图0-6）。

虽然只有极少的建筑师能成为出色的水彩画家，但大多数建筑师完全可以画出很不错的水彩画并用水彩做自己的设计草图和效果图。

由于本书主要是供建筑师和建筑专业学生阅读和参考，本书中所用的实例大部分以风景或建筑为题材。

图0-4　西奥多·考茨基（建筑师兼画家）

图0-5　新英格兰风景　西奥多·考茨基　绘

图0-6 冬景 西奥多·考茨基 绘

第一章 水彩画综述

第一节 透明水彩和不透明水彩

图1-1是一幅典型的水彩画。可以看出画面上的颜色都是用水调配的，也是依靠水使颜色发生变化，颜色大部分是透明的，还可以看到颜色在纸上流动的痕迹。以上这些就是水彩画的基本特点。

然而水彩画并不限于透明水彩。

水彩画的定义是用水来调颜料所作的画，因此水彩画不限于透明水彩，尽管我们常常希望水彩画上的颜色透明。在水彩画里"透明"的含义是透过颜色能看到纸的表面。关于透明水彩和不透明水彩的说明见表1-1。

图 1-1 漓江渔舟 韩金晨 绘

表1-1　透明水彩和不透明水彩

		透明度	颜色厚度	水的流动痕迹
透明水彩		透明	0	可看到
不透明水彩（俗称水粉）	薄水粉	半透明	几乎为0	可看到
	厚水粉	不透明	有明显厚度	看不到

当使用很深的颜色时，透明度就会下降，以致成为半透明。因此在透明和不透明之间并不存在绝对的界限。但使用厚水粉或丙烯颜料的部分显然是不透明的。"不透明水彩"一词比"水粉"更准确。在本书里我们统一使用"不透明水彩"。而且，当我们使用"水彩画"或"水彩"时，它既包括透明水彩也包括不透明水彩。

我认为在水彩画里不可以使用不透明水彩颜料是一种偏见。不但不透明水彩本身属于水彩，而且在画面的某些部分常需要使用不透明水彩颜料。使用不透明水彩颜料要利用它的几个特点：①覆盖性强；②有重量感；③能调出很微妙的色彩变化。因此使用不透明水彩颜料的部位常常是：①在大面积涂色的中间会有小面积的、需要强调的部分，比如高光、人的面部或服装、在背景前面零散的树枝树叶，画背景时为这些部分留空有时很困难，而在涂色后用不透明水彩颜料来画却很容易达到目的；②画面强而暗的前景。

实际上在许多水彩画上同时有透明的部分和不透明的部分，当然，还会有半透明的部分。

图1-2里天空和建筑是透明的，而铜像和阳台栏杆是不透明的。铜像用不透明水彩更具有厚重感。阳台栏杆如果用留空的方法会很费事。

图1-2　波修士铜像（局部）　韩金晨　绘

7

图1-3里的前景树木用不透明水彩。在画水田时可以不必考虑树木的轮廓，然后可以很自由地用不透明水彩画树，因为树木会盖住水田。

透明水彩有利于表现水彩画明快的特点。这就是为什么我们经常追求水彩画的透明。一般而言，凡是可以用透明水彩表现的部分尽量用透明水彩。不透明水彩颜料的使用最好限于小范围。

在图1-4里大部分画面使用了透明水彩，小部分如船体、锚杆、水面上的高光则使用了不透明水彩。

图1-3　水田（局部）　韩金晨　绘

图1-4　船的倒影　韩金晨　绘

第二节 不同风格的水彩画

水彩画的风格多种多样。在几页纸上不可能包括各种风格的水彩画。这里我们只浏览一下某些对于建筑师有参考价值的风格。选取的水彩画大部分是以建筑或风景为题材的。

一、刻画物体的简繁程度

水彩画刻画物体的简繁程度可以差别很大。图1-5列举了不同简繁程度的三幅画。

（1）传统风格的水彩画，表现了非常复杂的对象（图1-5a）。

（2）建筑物在很大程度上被简化，画面只表现大效果（图1-5b）。

（3）远方的建筑物被简化，但重点部分大本钟仍然作比较详细的处理，近景的灯柱作详细处理，人物从近到远逐步被简化，这是规范的处理方法（图1-5c）。

a)

b)

c)

图1-5 不同简繁程度的水彩画

二、刻画对象的真实程度

画家在刻画对象时可以非常写实，也可以着重表现自己的感受而偏离真实的对象，即"写意"（图1-6）。

（1）绝对忠实地刻画对象。由于这是以前的清华建筑系馆，作者是怀着朝圣的心情来画的，不敢有一点点的疏忽（图1-6a）。

（2）从画面上可以看出这位画家站在烈日下的圣马可广场一侧，面对海水，有多么强烈的感受。显然他要着重表现的是这种感受而不是对象本身（图1-6b）。

（3）布拉格号称千塔之城。作者为表现千塔并使构图匀称，移动了一些塔的位置，然而每座塔的造型还是保持准确（图1-6c）。

a）

b）

c）

图1-6 写实和写意

三、色彩的丰富程度

　　水彩画可以有很丰富甚至鲜艳的色彩，也可以使用克制的、低调的色彩。两种处理方法并没有优劣之分，如果处理得当，两者都可以取得良好的效果。使用鲜艳的色彩可以使画面活跃，但要特别注意色彩之间的协调，否则会使画面凌乱以至完全被破坏。这种色彩处理在经验不充分之前要慎用。相对之下，采用克制的、低调的色彩处理是比较安全的。但若掌握不好（比如说明暗对比也很弱，或物体轮廓不明确），画面会流于沉闷。一般情况下，一个适中的方法是：只在重点部分使用鲜明的色彩，其余部分采取低调的处理（图1-7）。

　　（1）使用了很丰富、很鲜明的色彩，然而画面很协调（图1-7a）。

　　（2）采用低调的色彩表现雨天的气氛，画面协调。画面以良好的明暗关系和虚实关系达到令人满意的效果（图1-7b）。

　　（3）只在塔顶使用鲜明的色彩，其他部分都做低调处理。重点突出，画面协调（图1-7c）。

图1-7　色彩的丰富程度

四、画面不同程度的水感

一般而言，水感是我们画水彩画时努力追求的，但这并不是绝对的信条。用水的多少不仅取决于描绘的物体，也取决于画家的偏好。确实有一些水彩画家用比较干的上色方法画出很好的水彩画，比如英国的约翰·亚德利（John Yardley）。这里无意推荐这种方法，因为这是个特例，而且没有经验的人使用这种方法很难成功。这里只是想说明并不是每一幅画的每一个角落都要充满水分。让我们看图1-8的三幅画。

（1）这幅画画的是茵斯布鲁克市的雨后街景，地面有充分的水感是理所当然的（图1-8a）。

（2）阳光下的老城，这里大部分物体都不一定要具有充分的水感。用较干的方法涂色反而更能表现老城的气氛。特别是那辆马车和它的阴影，这里我模仿了亚德利的风格（图1-8b）。

（3）就一般情况而言，该赋予水感的部分要尽量赋予充分水感，如天空、墙面，其他部分有水感是好的，但不必强求，如地面（图1-8c）。

a）

b）

c）

图1-8 不同程度的水感

五、明暗对比的强弱

在一个画面上兴趣中心应当是明暗对比最强的部分，其他部分则明暗对比要弱一些， 这是构图的一般规律。 现在我们是讨论整个画面的明暗对比。 画面上明暗对比的强弱首先取决于所描绘的物体， 但画家可以有意地把明暗对比处理得强一些或弱一些，具有较强的明暗对比的画面容易引起人们的兴趣，较弱的明暗对比使画面能表现更多的细部。对于经验不很丰富的画家，弱对比的处理方法更难取得好效果，反之，强对比的处理有利于掩盖缺点。在大多数情况下，最好掌握适中的明暗对比，在重点部位适当夸张一些（图1-9）。

（1）建筑物本身具有强的明暗对比，画面处理因势利导， 使画面有很强的表现力。 在这三幅画里这幅肯定最吸引人们的注意（图1-9a）。

（2）明暗对比弱的画面利于表现更多的细部，也更耐人寻味。 但把弱对比的画面处理成功需要更丰富的经验（图1-9b）。

（3）明暗对比适中。城门上的四匹马在明亮天空的衬托下成为画面里最强的明暗对比所在，其他部位的明暗对比都控制得不强不弱。 这是稳妥的处理方法（图1-9c）。

画水彩画时有很多方面要考虑的。上面列举的只是一些对于建筑师画水彩画时比较基本的考虑。 如果你是为自娱而作画，你有更多的题材和风格的选择。如果你想忠实地表现建筑，你不妨选择比较写实的、中性的处理。

a）

b）

c）

图1-9　明暗对比强弱不同的画面

第三节 技术水彩

当我们需要用水彩精确地表现对象时，我们在作水彩画时使用必要的技术手段，比如渲染、喷笔，甚至绘图工具，这样的水彩称之为"技术水彩"。尽管技术水彩在某种程度上具有"图"的性质，它仍然属于水彩。

艺术家不会问津于技术水彩。但技术水彩对于建筑师或工艺美术设计师非常重要。因此我们将在第四章专门讨论。这里只做简单介绍。

图1-10是技术水彩的一个实例。这幅作品准确地描绘了建筑的真实情况。在这幅画里我们看到几个特点：①建筑轮廓绝对准确；②画面采用弱的明暗对比；③不追求过多的色彩变化；④对建筑细部做了详尽的刻画。

这幅画作于1900年前后，它反映了那个年代的建筑师的品位和绘画能力。

图1-10 维也纳城市公园小桥 建筑师Friedrich Ohmann 和 Joseph Hackhofer 绘

图 1-11 是另一个技术水彩的实例。 这是一幅表现比较快速的水彩。因为这座汉代的墓阙结构本身就不精确， 所以没有必要用直尺。但还是如实地刻画了细部。建筑是按照搬迁整修之后的现状处理，环境则是按照搬迁之前的情况处理。

图1-11　高颐墓阙　韩金晨　绘

希腊—罗马古典柱式是建筑师训练过程里不可少的一课，也是技术水彩训练最好的题目。

图1-12b里的柯林斯柱头及檐部做了简化处理，只保持正确的比例和体积。在简化处理时要使画面仍然让人感觉到柱头及檐部的原有面貌。

有些建筑院校作不加简化的柱头技术水彩训练。为了刻画所有的细部，画面就要相当大。图1-12a是不加简化的柯林斯柱头技术水彩（局部，来自网络）。它展示了技术水彩可以达到的精细程度。

有关技术水彩的详细内容请见本书第四章。

a）　　　　　　　　　　　　　　　　　　　　　　　　　b）

图1-12　柯林斯柱头及檐部（左右不是同一个柱头）

第四节　水彩画用具

在动手画之前我们还需要了解画水彩画的用具。画水彩画的主要用具是纸、笔和颜料。

一、水彩纸

纸是最重要的。没有合适的纸不可能画出好的水彩画。常用的水彩纸按纸面分为三类。

（1）热压水彩纸，具有平的纸面。一般我们不喜欢用这种水彩纸作画。但它适用于技术水彩，因为只有在平的表面上才能非常均匀地上色。刻画很细的细部也需要平的纸面（图1-13a、图1-14a）。

（2）冷压水彩纸，具有比较粗的纸面。这是大部分人都在使用的水彩纸。也是商店里最大量出售的水彩纸（图1-13b、图1-14b）。

（3）粗面水彩纸，具有很粗的纸面。如果在画面上不表现细部，可以用这种纸。有些画家偏爱使用这种纸（图1-13c、图1-14c）。

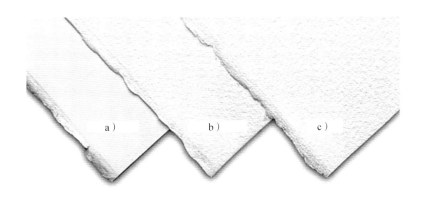

图1-13　水彩纸
a）热压水彩纸　　b）冷压水彩纸　　c）粗面水彩纸

图1-14　三种水彩纸的涂色效果
a）热压水彩纸　b）冷压水彩纸　c）粗面水彩纸

一般的水彩纸有三种厚度：90磅（每平方米190克）、140磅（每平方米300克）和300磅（每平方米638克）。大多数情况下使用140磅的纸足够了。如果裱纸，用90磅的纸也完全可以。如果用300磅的纸，可以不裱纸，只用胶条把纸固定在画板上。

水彩纸板是厂家把水彩纸裱在厚纸板上，涂色时纸板基本上不会变形。因此使用时不需要裱纸。

选用水彩纸时，除了考虑纸面和厚度之外还要注意纸的吸水性。 既不要吸水太快，也不要吸水太慢。还要注意纸的耐洗性， 因为画画的过程中有时会需要修改。

Arches牌的水彩纸是很好的纸，在大城市里一般可以买到。其他种类水彩纸的供应因地区而异。建议先买少量的纸试用。

二、水彩笔

水彩笔名目繁多，但不必样样具备， 只要根据自己的习惯选用几种不同粗细的笔就可以了。当你遇到特定情况时，再根据需要去买特殊的笔（图1-15）。

中国传统的毛笔有一些很适合画水彩画。一般来说，最好选用笔毛较硬的， 如狼毫笔。但也有些情况下需要软的毛笔。 任何情况下，必须有笔锋，否则涂小面积或画细线时会有困难。在使用一定时间后笔锋会磨秃，这时就要换新笔。

图1-15　形形色色的水彩笔

三、颜料

水彩颜料牌子很多。在国际上有几种牌子很受好评， 比如丹尼尔·史密斯（Daniel Smith）、史明克（Schmincke）。 好的颜料颗粒细，图在纸上色彩耐久。但对大多数人来说，只要不是最差的颜料，都可以满足要求。国产的马利牌水彩颜料和中外合资的温莎—牛顿（Cotman系列）完全可以满足一般要求。

要注意的是同一个牌子的颜料，不同颜色的质量是不同的。你要自己去试。如果某个颜色的颜料质量不好（颗粒粗或产生沉淀），就要去买其他牌子的颜料。不同牌子的某些颜色的颜料混合时会有沉淀， 在上色之前要在另一张纸上试一下。

其他用品如调色盘、海绵、餐巾纸等可以随意，不需要做推荐。

第五节　色彩基本知识

另一项和水彩画有关的实用知识是色彩知识。这里只介绍一些最基本的、与水彩画直接有关的色彩知识。如果愿意了解更多，可以参阅有关色彩理论的书籍。

一、色彩的基本属性

色彩有三个基本属性：色相，明度和纯度。

色相是指不同的颜色，从红到紫。有时也叫作色素。

明度是指颜色的明暗程度。也可以通俗地理解为一个颜色的深浅程度，比如从深红到浅红就是明度的变化。

纯度是指颜色含灰的程度。完全不含灰的颜色是纯的颜色，效果强烈。含灰的成分越大，纯度就越低，效果含蓄。

红黄蓝是三个原色，用三个颜色可以调出其他颜色。调出来的颜色称作中间色。各种颜色调到一起就得到灰色。以圆心为对称的两个颜色是互补色。两互补色调在一起也得到灰色（图1-16）。

在图1-17的色环里，沿着圆周分布着不同色相，从圆周到圆心颜色的明度逐渐增大（图1-17）。

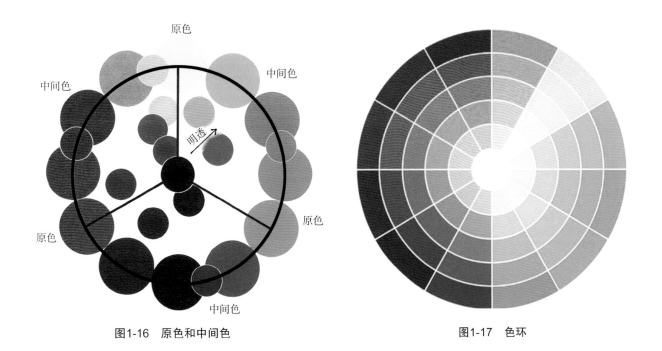

图1-16　原色和中间色　　　　　　　　　　图1-17　色环

每个色相都可以有不同的纯度。但不同色相可达到的最高纯度是不一样高的，因为不同色相本身的纯度就有差别。显然，原色可以达到最高的纯度，中间色可达到的纯度比原色要低一些，而灰色就不可能达到高的纯度（图1-18）。

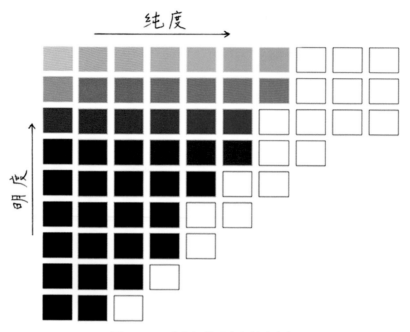

图1-18　一个色相的明度和纯度变化

每个色相都可以有不同的明度。任何色相当达到最高的明度时就成为白色。而不同色相可达到的最低明度是不一样的，因为不同色相本身的明度（深浅）就有差别。显然黑色可以达到最低的明度，蓝色或紫色能达到比黄色更低的明度。图1-19是几种不同色相的明度范围。

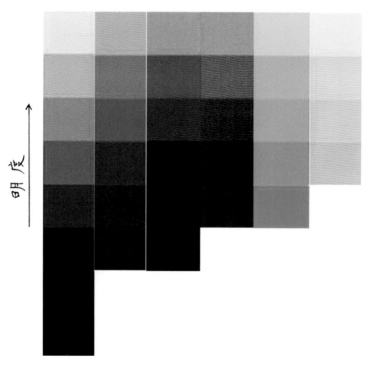

图1-19　不同色相的明度范围

这个知识在画单色水彩的时候很有用，因为我们会选一种跨越很大明度范围的颜色来画，同时又希望颜色比较含蓄，所以我们常会选墨绿或深褐。

既然色彩有三个属性，我们可以用三维坐标来表示，这就形成了色彩三维模型（图1-20）。

色彩三维模型帮助我们理解色彩的三个属性，不同色彩具有不同的明度范围和不同的纯度范围。

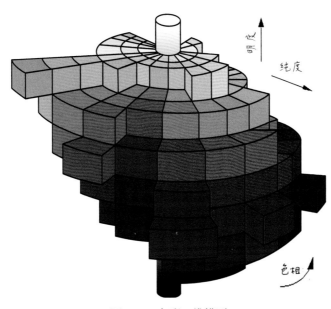

图1-20　色彩三维模型

二、暖色和冷色

某些颜色给人温暖的感觉，比如红色、黄色，我们称之为暖色。另一些颜色给人寒冷的感觉，比如蓝色、青色，我们称之为冷色。

暖色和冷色的范围如图1-21所示。

读这幅图要注意两点：一是不同的暖色暖的程度不同，不同的冷色冷的程度也不同；二是暖色和冷色没有绝对的范围，有些颜色介于暖色和冷色之间，给人不暖也不冷的感觉，称为中间色。

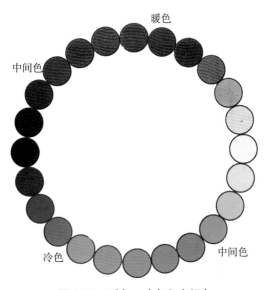

图 1-21　暖色、冷色和中间色

　　大多数画面上既有暖色也有冷色。暖色为主的画面呈现出暖调子，冷色为主的画面呈现出冷调子。一般来说，暖调子的画面容易给人愉快的感觉，冷调子的画面给人宁静的感觉。一幅画是采用暖调子或是冷调子取决于画家要表现的气氛（图1-22）。

a）

b）

图1-22　不同色调处理

a）宁静的气氛　b）欢快的气氛

第二章　水彩画基本技法

第一节　水感的表现

人们欣赏绘画一方面是欣赏绘画的内容，另一方面是欣赏绘画的技法。对于水彩画来说，欣赏它的技法的成分往往占有很高的比例。水彩画技法的重点就是对水的掌握，或者说通过对水的运用赋予画面以"水感"。"水感"常常通过以下方法来达到。它们的操作将在下面一节讨论。

一、透明

水彩画的透明是指透过颜料能看到纸面。使用透明水彩颜料作画时画面就基本上是透明的。但所谓透明水彩颜料并不是绝对的透明。透明度受几个因素的影响：

（1）优质的颜料透明度高。

（2）不同颜色的颜料透明度也不同。比如普兰色的颜料常具有很高的透明度，而土黄和土红常常透明度较低。（你不妨检验一下你用的颜料）

（3）涂在纸上的浅颜色比深颜色透明度高。

（4）一次涂色比重复涂色透明度高。

所以透明不是绝对的。如前所述，一个画面上会有很透明的部分、不很透明的部分、半透明的部分，还可能有不透明的部分。我们的目标是使画面尽量的透明。透明水彩实例如图2-1所示。

图2-1　荷兰的风磨　韩金晨　绘

二、颜料的流动

上色前先上水，上色时颜料就会流动。在水分蒸发之后，我们还能明显地看到这种流动的痕迹。这是表现水感的最重要的途径（图2-2）。

图2-2　颜料的流动

三、水痕

在上色区域的边界处会自然地形成水痕。有时我们想方设法避免水痕的出现，有时却可以利用它表现水彩的特点，给画面带来趣味。在半干半湿的颜色上涂水或含水量大的颜色可以产生明显的水痕（图2-3）。

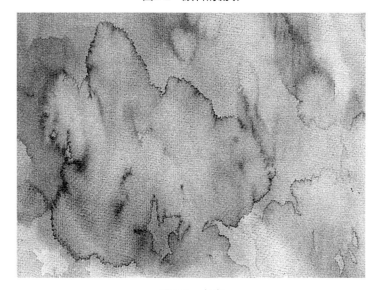

图2-3　水痕

四、沉淀

用某些颜料调色会产生沉淀。有时我们想方设法避免，但有时我们有意利用沉淀造成特定的质感，同时也表现了水彩的特点。另外有专门的沉淀剂，用来和颜料调在一起，产生明显的沉淀（图2-4）。

图2-4　颜色沉淀的效果

第二节 各种上色技法

常用的上色方法列举如下。

一、平涂

先调配好足够的颜色（见图2-5）。如果平涂面积比较小，可以直接涂色。如果面积比较大，先上清水再涂色比较安全。一般情况下，水彩画里的平涂并不要求颜色绝对的均匀。如果要求颜色绝对均匀，就要用渲染的方法。关于渲染的方法，详见第四章技术水彩。

图2-5 平涂

二、一种颜色明度渐变

先上水，然后在计划颜色最深的部位涂色，利用颜色的自然流动得到颜色的渐变。如果依靠自然流动得到的颜色的渐变不够理想，可以用画笔搅动，使颜色变化均匀，或按画家计划的方式渐变（图2-6）。依靠自然流动而得到的不均匀的渐变使画面有生动的效果，这常常是我们希望的（图2-7）。如果希望得到绝对均匀的渐变，可以采用渲染或喷笔的方法（见第四章技术水彩）。

图2-6 一种颜色明度的渐变

图2-7 依靠颜色自然流动得到不均匀的渐变

三、局部渐变

有时我们需要颜色在局部位置渐变，而在其他部位有明确的边界，比如有云的天空（图2-8）。这种情况有两种处理方法：①先上水，在水分半干半湿的瞬间涂色。这种方法能取得生动的效果，但渐变的部位很难控制。②先涂色，在该留空白的部位留空白，在颜色未干之前，在需要渐变的部位用水造成渐变。这种方法可以准确地选择渐变的位置。使用这两种方法都要注意把握好时机。

图2-8　局部渐变

四、两种颜色湿接

在水彩画里常用湿接的方法使一种颜色过渡成为另一种颜色。湿接用于给一个有颜色变化的物体上色，也用于给相邻的不同颜色的物体上色，因为有时我们需要把相邻物体的边界画得模糊一些。

两种颜色湿接本身就意味着颜色的流动，所以湿接很有助于表现水感。

湿接的两种颜色的含水量要基本上相同。如果颜色A的含水量大于颜色 B 的含水量，在湿接的时候颜色A就会侵入到颜色B里面并形成水痕。如果两种颜色的含水量相近，而且含水量不太大，颜色的过渡区就不会很宽（图 2-9）。如果需要使两种颜色在较宽的范围里逐渐过渡，可以提高两种颜色的含水量，还可以用画笔帮助颜色的混合（图2-10）。

图2-9　两种颜色湿接，两种颜色含水量相同，过渡区不宽

图2-10　两种颜色在较宽范围里逐渐过渡

五、颜色的重叠

在已经干了的颜色上加第二种颜色。在透明水彩里，透过第二色仍然可以看到第一色，这种情况接近于混色的效果（图2-11a）。如果第二色是很深的颜色，就可以把第一色盖住。在浅颜色的背景上画深颜色的、轮廓复杂的物体就可以利用颜色的重叠，这种情况下给背景上色时很自由，在背景上给物体上色时也很自由（图2-11b）。

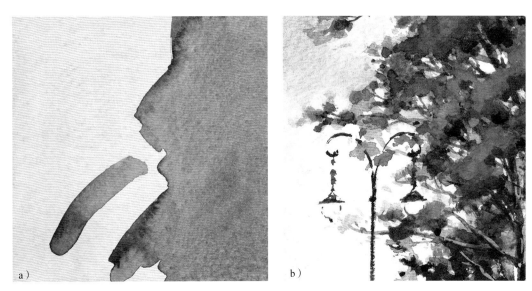

图 2-11　颜色的重叠

六、湿色上加色

如果在已有的底色上加第二色，但需要第二色没有非常清楚的边界，就要在底色未干之前加第二色，有人称之为湿中湿。然而未干底色的湿度和第二色的湿度是要精心掌握的。一般情况下，第二色要比未干的底色更浓、更干一些，这时第二色在底色上只有少量的扩散（图2-12）。

如果第二色比底色更湿，第二色在底色上的扩散就会失去控制，并且把一部分底色向外驱赶，形成水痕。一般我们是要避免这种情况，除非你有意要做成这种效果（图2-13）。

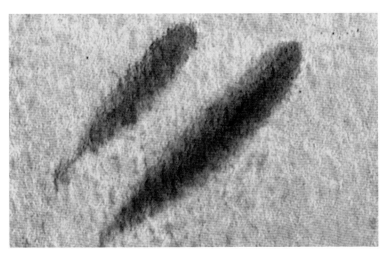

图 2-12　在湿的底色上加较干的第二色

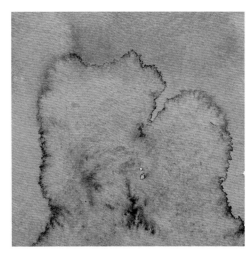

图2-13　在湿的底色上加更湿的第二色会造成水痕

七、笔触

在画面上暴露笔触是使画面生动并提高绘画表现力的一个手段。使用笔触要根据所画的对象,在该暴露笔触的部位暴露笔触。笔触要自然才会美。笔触必须是一次画出来的才是自然的。图2-14给出一些画面里的笔触作为参考。

图2-14 画面里暴露出的笔触举例

八、枯笔

枯笔是在运笔的过程里自然地留出不规则的空白（图2-15）。枯笔的手法很能使画面生动有趣。运用枯笔手法要用比较软的画笔和比较浓稠的颜料。较软的画笔在接触纸面的时候对纸面的压力小，使得部分纸面接触不到画笔。运笔的速度也影响枯笔的效果，运笔快则纸面上出现空白的机会多。

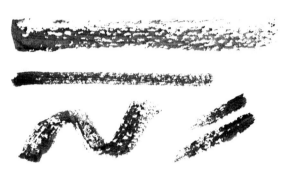

图2-15　枯笔效果

九、擦掉颜色

需要修改画面时可以把已经涂上的颜色擦掉（图2-16）。先用画笔在需要擦掉的部分涂上水，并可以试用画笔擦掉一部分颜料。然后用湿的天然海绵把颜色擦掉。擦洗时使用中等压力可以使纸面保持完好，待纸面干燥后可以重新涂色。

图2-16　用海绵擦洗掉颜色

　　有时不是为了修改，而是有意先涂颜色，然后擦洗出空白。这样比事先留白方便。如果需要擦洗的面积比较小，可以使用湿的餐巾纸。用折叠的餐巾纸的角部可以擦洗出细线（图2-17）。

图 2-17　用餐巾纸擦掉未干的颜色

　　水彩画的上色方法多种多样，上面列举的是最基本的上色方法。掌握了这些基本上色方法，就可以开始画水彩画了。

第三章　作画实践与示范

第一节　作画的基本考虑

一、表现对象和表现技法

一般来说，绘画的目的是表现一定的对象，而技法是表现对象的手段。但某些水彩技法本身能够提供美感，比如笔触、水痕，所以在水彩画里技法本身的表现也占有一定的比重。甚至有一些画家的水彩作品以表现技法为主（图3-1）。

对于大多数建筑师来说，作画是以表现对象为主要目的。虽然我们希望表现出漂亮的技法如充分的水感，高透明度，漂亮的笔触等，但这些不是主要目的。首先要求把对象描绘得真实，形要准确，明暗体积要正确，远近虚实要处理好。在这个前提下再追求水分、透明、笔触等。

二、取材

如果我们是为设计项目而作画，就只有构图和取景的选择而没有取材的选择。如果我们是为兴趣而作画，就有取材的自由。这时我们不妨考虑几个因素：①选你喜欢的题材；②选适合绘画的题材。有些可爱的题材或对象，不一定适合于绘画，比如说，一个光影细碎的场面和一个具有大的明暗的场面相比，前者可能更适合于摄影，而后者更适合于绘画；③选适合用水彩表现的题材，当你选这个题材的时候，你就会考虑到某个部位用湿接可以表现到最佳地步，某个部位可以炫耀枯笔。

图3-1　以表现技法为主的水彩画

三、临摹与写生

在练习的时候两者都可以。在开始的阶段临摹优秀的水彩画不失为一个很好的途径。临摹的时候就会想：当我写生的时候，我也可以这样画天，画树（图3-2）。

图3-2　作者在学生时代临摹的水彩画。

四、永远把握好画面的素描关系

在素描训练里我们都学到了构图，造型，体积感，明暗处理，远近，虚实处理，不同质感的表现。在水彩画里我们具是增加了色彩处理和水分的掌握。而素描关系永远是支配一切绘画的基本原则。

第二节 作画示范

现在我们就准备开始作画。准备一些水彩纸、颜料、画笔和一个调色盘。水彩纸是最关键的，尽可能买高质量的冷压水彩纸。作为开始，买中等质量的水彩颜料就可以，比如马利牌或温莎—牛顿牌Cotman系列的水彩颜料。如果你能买到，而且愿意买更高档的颜料就更好了。画笔的选择非常广，而且人对画笔的适应性比较强。你可以准备几支中等质量的粗细不同的水彩画笔，也可以准备几支粗细不同的中国毛笔，但要笔毛比较硬的，如狼豪笔。在今后作画的过程中，你会发现什么用具和材料你最喜欢。

这里用实例展示作画的过程，从取景构图到上色完成。

一、实例一：单色水彩

在开始阶段做一幅单色水彩练习是很有益的。单色水彩的目的是暂时不使色彩吸引你的兴趣，而让你集中注意力处理好画面的素描关系。在这幅单色水彩里技法不是主要的追求目标，而画面的素描关系一定要处理好（图3-3）。

单色水彩所选用的颜色要具有较大的明度范围，同时希望颜色比较含蓄。较暖的墨绿或深褐常常是首选的颜色。在亮面可以适当加一些暖色，在阴影部分可以适当加一些冷色。

图3-3 迈锡尼（Mycaenae）的狮子门（单色水彩） 韩金晨 绘

二、实例二：平遥古巷

（1）取材。 中国古建筑是中国建筑师乐于表现的题材。但我们暂且避开宫殿， 因为要表现宫殿的丰富的色彩和烦琐的细部， 同时还求得画面的统一是不容易的。作为开始，我们选古城平遥的这条颇有韵味的古巷。色彩比较简单，也没有很多细部。 我们可以集中注意力把对象画得准确，掌握好亮暗、远近和虚实，同时注意体现水彩的特点。

（2）作画步骤。

1）第一步：铅笔轮廓（图3-4a）。

2）第二步：先给天空上色（图3-4b）。

上色顺序： 先上最容易被覆盖的部分比如天空，次之比如远景，最后上最有覆盖能力的部分比如暗的近景。这虽不是绝对的规律，却是一个可取的、安全的方法。

3）第三步： 给树上色（图3-4c）。

在画树和建筑的时候要牢记整个画面里哪些部位是最暗的和最亮的，正确地掌握各个部位之间的亮暗关系。

用水彩画树（尤其是阔叶树）有很多方法。 我们将在后面专门讨论。

4）第四步： 给建筑物和街道上色（图3-4d）。

这一步里要用湿接法画不同部位的墙、地面和阴影。要特别注意掌握水分。左面、 右面、地面分开画。

5）第五步： 画人物，加细部，调整各个部位的亮暗关系， 完成（图3-5）。

在调整各部位关系时，如果需要，可用海绵擦掉颜色，重新上色。

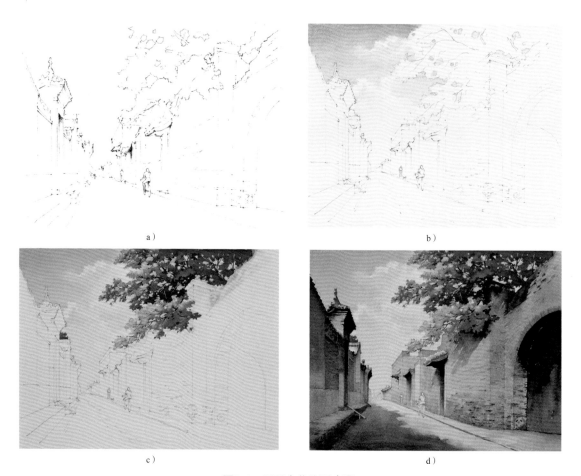

a）

b）

c）

d）

图3-4 平遥古巷作画步骤

图3-5　平遥古巷　韩金晨　绘

三、实例三：威尼斯风景

（1）取材。 威尼斯的刚朵拉代表了威尼斯的特点，水波和水里的倒影最利于用水彩表现。圣马利亚致敬教堂具有美丽的天际线，是理想的远景。

（2）作画步骤。

1）第一步：构图考虑。作为前景的刚朵拉可以有不同的安排。用铅笔很容易作不同的草稿来进行比较。我选择了下面的构图（图3-6a）。

2）第二步：铅笔轮廓（图3-6b）。

3）第三步：给天空上色（图3-6c）。

4）第四步： 给水上色（图3-6d）。

刚朵拉和系船桩在水里的倒影是整个画面中较暗的部分，但比船身略浅一些。要掌握好暗度。

5）第五步：给刚朵拉上色。

先上上面的防护布，然后上船身。船身和系船桩是画面上最暗的部分。 观察各部分的色彩、明暗关系。如果认为都处理得恰当，就做最后的"画龙点睛"——船头的装饰、系船的绳索和高光。全幅画完成（图3-7）。

a） b） c） d）

图3-6 威尼斯风景作画步骤

图3-7 威尼斯风景 韩金晨 绘

四、实例四：德尔斐的爱奥尼柱头

（1）取材。爱奥尼柱头是建筑师最喜爱的题材之一。我选择德尔菲露天的爱奥尼柱头有两个考虑：①有丰富的外景；②残缺的柱头比完整的柱头更有趣，画完整的柱头不容易兼顾准确和活泼。

（2）作画步骤。

1）第一步：铅笔轮廓，给天空上色之前先上一层暖色，使天空具有较暖的色调（图3-8a）。

2）第二步：完成天空。由于画面的主体——柱头有较复杂的体型，决定对天空做简单的处理。用渲染的上色方法上色（图3-8b）。

3）第三步：给远景上色，给柱头上底色。柱头的底色不一定达到最佳地步，以后还有机会进一步处理（图3-8c）。

4）第四步：画柱头。由于柱头体型复杂，上色比较费时间，决定分两个区上色。分界线选在本影界处和最暗的部分（图3-8d）。

5）第五步：完成。给近景的石块上色。石块的亮面要处理得比柱头的亮面暗。最后决定加一只小鸟为柱头提供尺度，同时也给画面增加趣味（图3-9）。

a）   b）

c）   d）

图3-8　德尔斐的爱奥尼柱头作画步骤

图3-9　德尔斐的爱奥尼柱头　韩金晨　绘

五、实例五：乔家大院入口

（1）取材。浅颜色的天空、墙面、地面和深颜色的屋檐及阴影形成强烈的对比；画面总体构图很均衡；红灯笼使画面活跃。因此这是一个使人喜爱的画面。缺点是檐下部分很烦琐（清代建筑），但在作画时不会表现细部。

（2）作画步骤。

1）第一步：铅笔轮廓（图3-10a）。

2）第二步：给亮面（天空、墙面的受光部分）上色。最好一次到位，但这时还没有机会和暗面作比较，有可能做不到一次到位，可以在以后再加颜色（图3-10b）。

3）第三步：给阴影上色。墙上的阴影、地面上的阴影以及左面房屋的本影颜色不完全相同。在上色时尽量画出颜色变化，如果不能一次到位，可以以后再调整（图3-10c）。

4）第四步：给暗的部分上色。暗面里的变化同时用湿接做出。暗面的边界也有一部分是要和相邻部分湿接的，也在此同时画出。这时画面的大效果基本成型（图3-10d）。

a）

b）

c）

d）

图 3-10　乔家大院入口作画步骤

5）第五步：画灯笼、匾额、盆栽、石狮及其他建筑细部。加高光。全画完成（图3-11）。

图 3-11 乔家大院入口 韩金晨 绘

乔家大院入口作画步骤的另一种考虑：这个画面具有比较强的明暗对比。这种情况下我们也可以先画最暗的部分（檐下部分和左侧房屋的本影）。这样做的好处是很快取得画面的整体效果，同时建立最亮部分（空白）和最暗部分的色阶，使其他部分的颜色深浅都有了比较的标准。需要注意的是，在以后给其他部分上色时不要使暗面颜色溶化并洇到界外（图3-12）。

图 3-12　乔家大院入口的第二种处理方法

六、实例六：因斯布鲁克街景

（1）取景考虑。因斯布鲁克是一座美丽的山城。这个位置包含有街心纪念柱，给画面增加了趣味。雨后的街道适于表现水感，两旁的建筑物适用湿接上色。

（2）作画步骤（图3-13、图3-14）。

a）　　　　　　　　　　　　b）　　　　　　　　　　　　c）

图3-13　因斯布鲁克街景作画步骤

图3-14　因斯布鲁克街景　韩金晨　绘

第三节　画面处理的常见问题

一、对色彩的观察和表现

物体的色彩常常比我们一眼上去的色彩要丰富。善于捕捉到丰富的色彩并把它们表现在画面里是作画的一个重要方面。

大多数人对物体色彩的习惯性印象是物体的固有色，比如说看到砖墙是红色的，石头是灰色的，树是绿色的。物体的固有色是物体在白光照射下呈现出来的颜色，因而是大多数人的习惯的视觉反应。而我们作画的时候应当观察到物体由于各种因素的影响而呈现出来的更丰富的色彩——"感知色"。影响感知色的因素包括：①光源的颜色。在早晨的阳光更好、中午的阳光下和傍晚的阳光下，物体呈现的颜色是不同的。在阴天时，或在灯光下，物体呈现的颜色也是不同的；②其他物体对所观察的物体的反射光改变物体呈现的颜色。其他物体可以是墙面、桌面，也可以是天空。③固有色相同的物体在近处和在远处呈现的颜色不同。这是因为空气透视的原因，一般情况下远处物体的颜色变得偏冷、偏灰。

此外，很多物体本身的固有色也是有变化的，比如每一块砖、每一块石头都具有不同的色彩，同一块石头也会有多种不同的色彩。这些都是我们作画的时候需要注意观察并表现在画面上的。让我们观察图3-15几个画面的局部。

图3-15　物体的色彩变化。一部分色彩的变化是光影造成的，一部分色彩变化是材料本身造成的

图3-16　天空的反射使远处的墙面含有蓝色调

图3-17　夸张的色彩使很平常的物体也显得生动有趣

在上色的时候，为了充分表现对象，或是为了使画面更有表现力，有时我们还对色彩作进一步夸张（图3-16）。

对色彩的夸张是基于对色彩的观察，对存在的色彩予以夸张，而不是主观的臆造。无论怎样处理色彩，整个画面的协调是最基本的。在夸张色彩的时候要特别注意避免色彩凌乱，破坏画面的协调（图3-17）。

二、点和线的运用

在画面里，点和线能起到"活化"的作用。试看以下几个实例（图3-18、图3-19）。

虽然不是所有的题材里都能包含点或线，但在可能的情况下我们可以尽量利用这个因素来活跃画面，甚至在取材的时候就考虑到这个因素。

图3-18　老城街景，飞鸟、烟囱和窗户上的点使画面活跃　韩金晨　绘

图3-19　赫尔辛基街景，电线和电车道使画面活跃，也帮助加强空间的深度感　韩金晨　绘

三、树的处理

在建筑或风景绘画里，树木是一个常常出现的客体。大多数的树木是无定型的，而它的枝叶又形成一种特殊的质感，所以在水彩画里画树比画其他物体更需要技巧。这就是为什么在这里要讨论树的画法。一个有趣的现象是一些很有名的水彩画家常常避免画树。

有几种树是容易画的：①远树：只需要画轮廓，不需要画枝叶；②具有一定几何形状的树，比如松树，因为它们可以被当作为几何形体来对待；③枯树：因为它们只有枝干。

现在来看怎样画处于中景的树。下面是常见的若干种画法。

不表现枝叶细节。可以把笔头弄乱，或用已变形的笔画出无定型的枝叶。用粗的树枝和树干把树组织起来。这个方法适用于水彩速写，或是在画面上树木处于次要的地位（图3-20）。

主要靠树干和树枝表现树木。画完树干和树枝后，淡淡地加上无定型的树叶。这种方法比较容易掌握，适合于树叶不繁茂的树木（图3-21）。

只着重表现枝叶的轮廓。适当地作树叶的色彩变化。这种方法里掌握好枝叶的轮廓形状很重要。它的缺点是不够活泼。如果采用这种画法，整个画面必须采用相同的画法。这是关广志先生常用的方法（图3-22）。

表现枝叶的轮廓，把枝叶处理得活泼些，同时也更注意枝叶的层次（图3-23）。

图3-20 树的画法一

图3-21 树的画法二

图3-22 树的画法三

图3-23 树的画法四

另一种方法是进一步概括树叶组群，把一个树叶组群当作一个三维的体型来处理。用笔锋和枯笔的方法表现出树叶。这种方法容易获得树的整体感，又比较活泼。这是考茨基（Kautzky）采用的方法。这是很成功的方法。这种处理和他表现建筑及其他物体的方法非常协调（图3-24）。

在更活泼的画面里更自由地表现树的形状和枝叶。这是很成功的方法。但运用时要注意不要失去树的整体感和立体感（图3-25）。

画树的方法多种多样，可以是上述方法的组合或折中，也可以有更保守或者更激进的方法。但原则是：①整个画面的风格要一致；②树本身要不失整体感。在这两个原则下尽量表现出树的枝叶的质感。

图3-24　树的画法五

图3-25　树的画法六

四、天空的处理

建筑或风景画里的天空可以由画家假设，只要和画面里其他部位的光影一致即可，因此很多画家都有自己惯用的处理方法，也经常选用适合于它的惯用方法画的天空。一个有趣的现象是很多水彩画家喜欢画阴天而很少画蓝天白云。确实，蓝天白云比阴天，或是万里无云更难处理好。天空的处理的重点也就在于对云的处理。下面就以实例来说明。

无云或几乎无云的天空，用湿画法或用渲染都很容易画好（图3-26）。

天空布满云彩或只露出极小面积的蓝天，用湿画法很容易画好（图3-27）。

图3-26　天空的画法一

图3-27　天空的画法二

阴天或雨天，阴云有形或无形，用湿画法很容易画好（图3-28）。

云没有明确的形状，用湿画法（图3-29）。

云有一定的形状，但不强调，控制在水分即将干时画天和云（图3-30）。

有比较肯定形状的云。基本上用干画法。需要渐变的部位在涂色之后立刻用水退晕。为防止颜色过快地被纸吸收而影响渐变，最好先涂水再等水干。这时纸面上没有水，但纸仍然保有一定的湿度，涂上去的颜色不会扩散，但也不会立即形成硬边界。

这个方法可以使云在某些部位有肯定的形状，而在某些部位和天融在一起。这是我们经常见到的云的情况，也是在作画时最需要精心控制的情况（图3-31）。

图3-28　天空的画法三

图3-29　天空的画法四

图3-30　天空的画法五

图3-31　天空的画法六

对于有比较肯定的形状的云，可以用白水彩颜料、丙烯颜料或油画棒给云加高光，这比留空白更容易掌握（图3-32）。

具有完全明确形状的云，可以用干画法来画（图3-33）。

图3-32　天空的画法七

图3-33　天空的画法八

如果不强调云的形状，可以在纸面半干半湿时画天。这个方法可以充分表现水感，但要注意和画面其他部位风格一致（图3-34）。

选择什么样的天和云要根据画面所要表现的对象和所需要的气氛，然后决定用什么方法来画。

图3-34　天空的画法九

五、淡彩

淡彩（Line & Wash）是在铅笔素描或钢笔素描上加水彩（Pencil & Wash， Pen & Wash）。这种方法比较容易给出物体的明确轮廓，也容易取得较强的明暗对比（图3-35）。

图3-35 德累斯顿某宫殿 古斯塔夫·卢特根斯（ Gustav Luttgens ） 绘

用铅笔或钢笔画出物体的轮廓（或部分轮廓）和阴影之后，画面就得到了较好的控制，或者说画面的素描关系就基本上建立起来了。这时，水彩的作用基本上只是赋予物体以颜色（图3-36~图3-38）。

图3-36 罗腾堡街景铅笔素描 韩金晨 绘

图 3-37　罗腾堡街景铅笔淡彩　韩金晨　绘

图3-38 舍灵顿商业街铅笔淡彩及原铅笔素描 韩金晨 绘

从原则上说，画面上如果有两种媒介，必须以某一种为主而另一种为次，否则就会发生冲突。一般情况下淡彩是以铅笔素描或钢笔素描为主的。但这不是绝对的规律，有时也可以以水彩为主（图3-39～图3-42）。

如果你决定画淡彩，在画铅笔线或钢笔线部分的时候就应当考虑到如何和下一步的水彩相辅相成。比如说，不画某些部分的轮廓线，而留给水彩来表现，或哪些阴影用铅笔或钢笔涂黑，哪些阴影留给水彩，从而可以做些色彩变化。

如果你画好了很完美的铅笔素描或钢笔素描，加水彩时要特别小心，因为加水彩过多会降低原有的美感。

图 3-39　以钢笔为主，只加高光——大雁塔 （这个镜头现已不存在）　韩金晨　绘

图3-40　以钢笔为主，只加少量色彩——基（Key）桥　韩金晨　绘

图3-41 水彩的成分约占三分之一——林多斯（Lindos） 韩金晨 绘

图3-42　水彩为主，钢笔线为辅——卢卡（Lucca）街景　韩金晨　绘

第四章 技术水彩

第一节 概述

为了用水彩更精确地表现对象，比如建筑物或工业产品，在作画时需要采用一些必要的技术性手段，这样的水彩就称为技术水彩。技术性的手段可以是任何手段，从渲染、喷笔直到三角板等绘图工具。你可以采用任何你认为必要的手段。从使用绘图工具这一点来说，技术水彩和一般的水彩画有很大的区别，但技术水彩仍然属于水彩（图4-1）。

很明显，使用技术水彩最多的组群就是建筑师和工艺美术设计师了。

技术水彩的风格可以很不相同。有些技术水彩和一般水彩画有明显的区别，甚至有些技术水彩几乎接近于技术图纸。也有些技术水彩很接近水彩画，或者说有些水彩画接近技术水彩，比如前面出现过的圣马可广场、德尔斐的爱奥尼柱头。

图4-1 列奥波尔达（Leopolda）别墅 韩金晨 绘

即使非常逼真、非常精确的技术水彩，仍然可以具有生动的效果。虽然画面里主要的表现对象建筑物或任何设计项目必须有准确的轮廓，但是建筑师或艺术家在处理明暗、光影、虚实、色彩以及运用笔触等方面也会有很大的发挥空间。至于画面里的其他物体如树木、草地、天空、人物等的处理，本来就可以和通常的水彩画没有区别（图4-2）。

图4-2 某建筑群 韩金晨 绘

第二节 技术水彩技法概要

在第二章里讲述的水彩技法也同样适用于技术水彩，只是为了精确的表现对象，包括光影，我们在技术水彩里更多地使用渲染和喷笔。此外，为了同一目的，也常暴露线条。

由于技术水彩要表现物体的细部，最好使用具有平整表面的水彩纸。

一、渲染

渲染法是使颜料均匀地沉积在纸上，从而使上色的部分有非常均匀的色彩或非常均匀的色彩变化（图4-3）。

图4-3 渲染

1. 渲染的准备工作

（1）裱纸。采用渲染法会在纸上涂较多的水，而且常常多次上色，这需要纸面在很湿的情况下仍然保持平展，因此需要裱纸。

传统的裱纸方法如下：把纸的四边向上折，在纸背面的四周涂糨糊或胶，在纸的正面涂水。在纸膨胀之后，把纸的四周粘到图板上，同时尽量把纸向外拉伸。在糨糊或胶干燥之前纸要保持湿润。纸面干燥后应当非常平展，这时可以用来渲染（图4-4）。

图4-4　传统的裱纸方法

图4-5　擦干纸背面的周边之后涂胶

也可以先在纸上涂水，或把纸浸泡在水里，使纸膨胀。然后用餐巾纸把纸背面的四个边沿擦干，再涂糨糊或胶。最后把纸翻过来，粘到图板上。尽量把纸拉平（图4-5、图4-6）。

图4-6　裱好的纸呈很平展的效果

（2）颜料过滤。在技术水彩里会表现毫无瑕疵的光滑的面，因此要求颜料或墨汁非常干净。如果颜料或墨汁不够干净，就需要过滤。滤过的颜料和没滤过的颜料大不相同。

最方便的方法是把脱脂棉搓成条，一端放到装有颜料的容器里，并把此容器垫高，另一端引到空的容器上面。被过滤的颜料就会流到空的容器里（图4-7）。

图4-7　颜料过滤

2. 上色

（1）平渲。最简单的渲染是平渲。平渲方法如图4-8所示：

将图板调到适当坡度。先渲大约5mm宽的一条色带，在颜色很湿的状况下渲染下一条色带。如此重复。每次涂色时要使颜色和前一条色带均匀混合。

（2）渐变。方法和平渲相似，但下一条色带使用略深的颜色（图4-9）。为此，使用两个容器，容器A放清水，容器B放颜料（或墨汁），每次将容器B里的少许颜料（或墨汁）加到容器A里。经常要在一块面积上重复渲染几遍才能使色彩或色彩的变化非常均匀。 熟练之后可以做到只渲染一两遍就能取得满意的效果。

下面是平渲和渐变的练习。

1）单色渲染练习范例（图4-10）。

2）两种颜色渐变的渲染练习（图4-11）。

在一块面积里渲染，使得从一端到另一端颜色从第一色渐变到第二色。

根据渲染的面积估计好颜料的用量。从第一色开始，逐渐加入第二色，最后容器里的颜料成为第二色。或者使用第三个容器来混色，使第一色和第二色的容器里保持原来的颜色。

图4-8　平渲

图4-9　渐变

图4-10　单色渲染练习

图 4-11　两种颜色渐变渲染练习

图4-12是渲染斗拱的步骤，图4-13是渲染三次得到的效果。

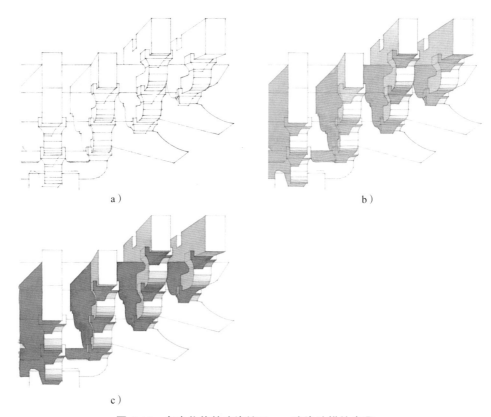

图 4-12　复杂物体的渲染练习——渲染斗拱的步骤

　　a）铅笔轮廓　　b）从最浅的部分开始，平渲除去留白以外的全部面积，然后再平渲较深的部分
c）继续逐层加深

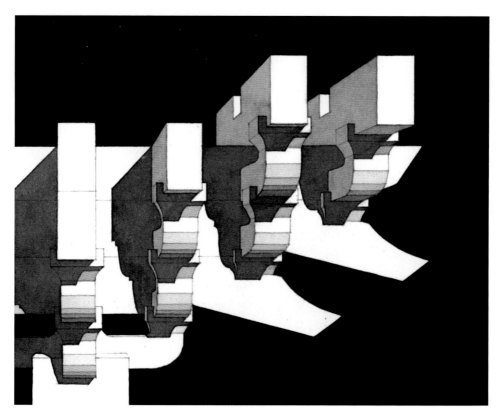

图 4-13　斗拱渲染图　韩金晨　绘

经过以上练习，就可以用渲染方法处理各种技术水彩了（图4-14）。

图4-14　全部使用渲染法的技术水彩作品

二、喷笔

使用喷笔（Airbrush）是另一个均匀上色的方法（图4-15~图4-17）。

使用喷笔时要调节以下几个因素：颜色溶液的浓淡、颜色溶液喷出的流量、喷笔和画面的距离、喷笔移动的速度。

在不熟练的时候，先把流量调小，拉大喷笔和画面的距离。通过反复练习调整才能熟练掌握。

喷色之前把画面上不准备喷色的部位用保护膜盖起来，用锋利的刀片切出准确的边界。喷色完成后揭下保护膜。

一般说来，喷笔比渲染更容易控制，尤其是在大面积上色的时候。但切割保护膜有时很费时间。从实用的目的考虑，在给大面积上色时，喷笔的优点比较多。在给小面积上色时，渲染法更方便。

喷笔的另一个妙用是在画面完成之后调节画面的总体色调。比如，在完成一幅画之后希望整个画面色调更暖些。这时给许多部位加色或重新上色已非常困难，但用喷笔给画面喷一些中黄或橘黄就可以很容易地取得想要的效果。

图4-15　用喷笔喷天空

图4-16　喷完天空后将建筑物上的保护膜揭掉

图4-17 完成的画面。天空是用喷笔喷的，云是用油画棒（Oil pastel）加上去的

三、线条的运用

由于技术水彩是要准确地表现对象，因此在很多情况下需要使用铅笔或钢笔线条来勾画物体的轮廓，单单用涂色来确定物体的轮廓往往不够鲜明。线条在技术水彩里常起着很重要的作用，尤其是在表现建筑物的时候（图4-18）。

图4-18　某车站大厅　韩金晨　绘

第三节　技术水彩作品实例

在那个年代，优秀的建筑师都有很好的艺术修养和很高的绘画技能。在技术水彩或效果图的处理上不追求高度逼真而追求高雅的韵味。建筑师华格纳的这幅作品就是代表性的例证（图4-19）。

天空和地面用了喷色法。不知那时是否已有电动喷笔。在没有电动喷笔的情况下可以用口吹喷雾器，或是用画笔在钢丝网上搅动使小色点落到画面上。

图4-19　史泰因霍夫（Steinhof）教堂　建筑师奥图·华格纳（Otto Wagner）作于1904年

　　古埃及神庙的多柱大厅在阳光下形成丰富的光影效果，这是这幅画的主要表现内容（图4-20）。圆柱形的巨柱用湿画法表现出体积感。注意有直射光的部分、不受照射的部分、有反射光的部分和阴影的处理。不同的阴影具有不同的色素和光度，取决于不同的材料、阴影的位置和阴影区受到的反射光。

　　画面里安排一位少女给建筑提供尺度，蓝色衣裙和上部的蓝色天空相呼应。

图4-20　卡纳克神庙　韩金晨　绘

　　这幅《卡纳克神庙》的目的是纪实而不是表现，所以没有强烈的明暗对比，而有很详尽的细部，色调也是以中性为主。不妨比较图4-20、图4-21的不同处理方法。

图4-21　卡纳克神庙　大卫·罗伯特（David Robert）　绘

　　五台山南禅寺大殿是我国现存最古老的木构建筑（建于唐建中三年，公元782年）。它的檐部处理简朴大方，这是这幅画所要表现的要点（图4-22）。

　　为取得画面的良好效果，受光区和阴影区都要避免零碎。作者力图充分表现斗拱的构造，同时还要保持檐下阴影区的完整，这是画面处理的一个要点。左侧的椽子也是同样情况。

图4-22　五台山南禅寺大殿檐部　韩金晨　绘

　　作者在这幅画里所采用的色调唤起我们对古代遗迹的缅怀心情（图4-23）。整个画面以群青色为主，使得画面很容易协调。在画面里占极小面积的两个人和建筑物形成鲜明的体量对比和色彩对比。这是非常聪明的画面处理方法。

　　作者有意使群青颜料在画面上产生沉淀，从而形成雾蒙蒙的效果，呈现出古代废墟所具有的气氛。

图4-23　雅典奥林比亚宙斯神庙废墟　H. Raymond　绘

作者使用调和色，并且避免强烈的明暗对比，营造室内的和谐气氛。吊灯和地毯的图案都必须准确，即使很费时间也不可掉以轻心。门厅中间的桌子和花瓶对于增加空间的层次感起到了很大的作用（图4-24）。

图4-24　某建筑门厅　韩金晨　绘

　　这幅作品里没有多种多样的物体，使用的颜色以及颜色的明度范围也很有限。但丰富的空间层次和光线的微妙变化赋予它强烈的感染力（图4-25）。

　　这幅作品给我们的启发是：多样化的内容（天、树、水面、人、车）和丰富的色彩并不是成功的必要条件，好的画面效果可以通过很多不同绘制方法达到。

图 4-25　战争纪念碑（水彩加铅笔）　Voorhees，Gmelin & Walker 建筑设计公司　绘

建筑的严谨的构图达到完美的地步。这个画面所选的角度最能充分表现这个门厅的空间。它不仅包括了主要的建筑构件——楼梯、两头狮子、柱廊、发券的天花、吊灯,而且充分表现了来自内院的自然光。在构图里,为避免右侧的空旷,安排了两位交谈的教授,他们的暗色调和吊灯取得呼应。在楼梯的顶部安排一位穿红色衣裙的女生,形成构图的中心(图4-26)。

图4-26　热那亚学堂门厅　韩金晨　绘

纽约市"大中心"火车站顶部的雕像名为"运输"(图4-27)。它包括神话里的三个神:中间是商业保护神墨科瑞,左侧是大力神赫克力士,右侧是智慧女神米涅瓦。后来建造的玻璃幕墙商业楼和"大中心"火车站形成了古典与现代的对比,使雕像更有表现力。

作画的要点是:在刻画繁多的细部时一定要掌握好整体的明暗和体积。这个画面可以看成由四个部分组成:雕像、钟、建筑檐部和背后的幕墙。雕像本身体型虽然很复杂,但在整个画面里雕像是一个整体。雕像内部的体积和明暗的表现不可以过分突出,而要服从整个画面的表现。钟是唯一有丰富色彩的部分,但要把它作为一个整体来表现而不可以强调各种颜色的数字。

图4-27 纽约"大中心"火车站顶部

第五章　水彩画作品赏析

本章列举五十幅水彩画作品，每幅作品附有关于题材和技法的简单说明。作品分为五组：单体建筑，城市风光和建筑群，自然风景，表现人物的风景，表现水面的风景。

一、单体建筑

任何绘画里都要首先考虑取景和构图。建筑师在画建筑物的时候当然会选择最入画的建筑、最美的角度和最好的光线。大多数建筑师都应当具备这种能力。

建筑师画建筑物的最大特点就是力求把建筑物画得准确。但这不意味着把水彩画画成建筑图。画面上有很多做艺术处理的因素：光影，虚实，色彩的变化，树木，人物等。通过建筑师和艺术家的巧妙处理可以使画面非常富有韵味。

西安的古观音禅寺以它悠久的历史和那棵巨大的银杏树而闻名。这幅画包括了这两个主题（图5-1）。殿堂的一角包含了檐部的构件和上面的戗兽，下面悬挂着铃和灯，这比画整栋建筑更有表现力。银杏树叶恰好衬托大殿一角，远处的建筑作为大殿一角的陪衬。远处的暗部衬托亮的银杏树叶，并和檐下的暗部相呼应。

图 5-1　古观音禅寺一角　韩金晨　绘

主要部分都用透明水彩画好。最后在整片的银杏树叶上用不透明水彩加一些树叶。

故宫角楼是中国皇家建筑里最美的一座。它周围的环境也是北京未被破坏的少数地段之一。奇怪的是，摄影师们都喜欢从河的对面取景，而没有捕捉这个角度。这里角楼、城墙、柏树以及近侧的垂柳构成一幅完美的画面。这幅画力图表现安静的气氛。仅有的两个人给物体提供了尺度。橙色的衣服和琉璃瓦相呼应（图5-2）。

图 5-2　故宫角楼　韩金晨　绘

通过月亮门引导到另一个新天地是苏州园林的惯用手法。留园的"又一村"最直接地道出了这个手法的意图。选择耦园而不是留园的"又一村"是由于两个原因：一是这个月亮门上面的檐部处理比"又一村"更丰富，二是耦园门后的空间层次比"又一村"丰富。

注意观察整片白墙上色彩的微妙变化并略加夸张地画出来，从而避免单调。

门里的矮墙处安排一位红衣女性起到三个作用：①给建筑提供尺度；②丰富了画面的色彩；③形成画面的兴趣中心（图5-3）。

图5-3　苏州耦园　韩金晨　绘

选一座入画的宝塔不很容易。我国有好几座密檐塔有很美的轮廓线，但砖塔没有大的挑檐，因此缺少阴影。在木塔里面我选了寒山寺塔，虽然它历史不太悠久，塔顶又过大过重，但大的比例是比较好的。

只突出塔本身，一切其他物体都简化处理。天空没有云，但有很多飞鸟，这样处理比较符合寺庙的气氛（图5-4）。

图 5-4　寒山寺塔　韩金晨　绘

这座建筑曾是清华大学建筑系馆，现在仍然受到建筑学院师生的喜爱。抱着朝圣的心情画这座建筑，因此作画时小心翼翼，只求真实，不敢做大胆的处理。

取景的考虑：只取中间部分，以避免画面繁杂。左侧取上一点蒙莎屋顶，以便和中间的屋顶呼应。右侧是背光面，取上一小部分就够了。两边的树木都是暗的，有利于突出学堂建筑。

建筑物上的细部既要忠实地刻画，又要注意不可过分突出。这是画建筑物经常遇到的问题。刻画建筑细部的简繁程度是画家要善于掌握的。

这幅画要表达的是安宁和怀旧的气氛而不是欣欣向荣的气氛，因此只安排一位学生。学生的衣着和蒙莎屋顶的颜色相呼应（图5-5）。

图5-5 清华学堂 韩金晨 绘

伊瑞克提翁神庙是完美无缺的建筑。问题是选什么角度，选什么光线，能把它的完美最充分地表现出来。

这幅画选择了日落时分，选择的这个角度使部分女像柱侧面受光，有的以亮的天空来衬托，其他的由暗面来衬托。这样，女像柱本身的轮廓和他们之间的明暗变化就形成了完美的构图。天空和建筑物之间既有明暗对比，又有色彩对比。在左侧安排一位旅游家给建筑提供了尺度，也使左侧避免空旷（图5-6）。

图5-6　伊瑞克提翁神庙（The Erechtheion）　韩金晨　绘

林多斯是希腊罗德岛上的小镇。它的海滨和古希腊神庙的废墟构成天然的美景。

取材的考虑是：神庙废墟、城墙废墟、海水、远山构成四个层次。神庙废墟作为近景是主要表现对象。安排一个少女，给柱子提供尺度。她的白色衣裙使人联想到古希腊的女装。

天空用湿画法，表现出颜色流动的痕迹。云彩一次完成（图5-7）。

图5-7　林多斯（Lindos）　韩金晨　绘

沃尔泰拉是塔斯卡尼的一座古城。这个城门建于公元前四世纪。这幅画最吸引人注意的是门洞处的强烈光影对比。

石材本身具有微妙的色彩变化，阳光和阴影又使石材的色彩更加丰富。在作画时要注意观察到这些丰富的色彩并在画面上加以适当的夸张—红石头画得更红些，阴影部分更蓝些。

城门和城墙以及左侧的树木已经占据了很大的面积，所以天空的处理要简单一些。

在城门下的旅行者起到三个作用：提供尺度，丰富色彩和增加趣味。旅行者的白帽子在暗背景的衬托下格外突出（图5-8）。

图5-8　沃尔泰拉的拱门（Porta dell' Arco，Volterra）　韩金晨　绘

这座钟塔是布吕日市的重要地标建筑。这个角度是最好的角度。

周围的建筑和钟塔不很协调。但钟塔本身由于体量远大于其他建筑，在画面里能保持控制的地位。这幅画里略掉了一些不重要的建筑。右侧的建筑在画面里占面积不大。 左侧建筑基本在阴影里，所以都不吸引人的注意力（图5-9）。

图5-9 布吕日（Brugges）钟塔 韩金晨 绘

这座教堂是为纪念沙皇亚历山大二世被暗杀而建，因此画面要表达的是肃穆的气氛。

选择的是多云天气。建筑物上没有强烈的光和影。

只对几个洋葱头屋顶作比较详细的刻画，其他部分都简化。树木的形象也处理得很简单。这样自然就突出了重点（图5-10）。

图5-10 圣彼得堡滴血教堂 韩金晨 绘

　　这座市政厅是北欧浪漫主义建筑的代表作。它受到许多建筑师的喜爱。

　　塔楼作为构图的主体是毋庸置疑的，但选择最佳角度还要花一番功夫。这幅画试图表达这组建筑的各个重要部分，包括雕像和树木。天空占很大面积，因此云的描绘很重要。这幅画里的天和云是在水分半干的状态下精心画出的。河岸上的人群给画面增加了些色彩（图5-11）。

图5-11　斯德哥尔摩市政厅　韩金晨　绘

　　柏林的勃兰登堡门是有名的地标建筑。然而在它周围缺少很吸引人的陪衬物。因此，作画的时候要尽量把可以利用的衬景安排到画面里面来，否则画面会显得单调。为此作者从城市方向面对城门，这样可以有游览马车、行人、树木、路灯来丰富这个画面。透过城门可以看到园区的树木。时间选在较晚的下午，天空开始有橘黄色的部分，这样使画面色彩丰富（图5-12）。

图5-12　勃兰登堡门　韩金晨　绘

明媚的阳光，温暖的色调给读者很愉快的感觉。

画家不刻意炫耀技法，而是运用技法忠实地表达对象。这是上一代艺术家的特点。

在透明水彩上使用了少许不透明水彩（图5-13）。

图5-13　庄园里的艺术家工作室　弗朗西斯·克鲁斯（Francis Cruess）　绘

　　这幅画是建筑师的作品，它接近于技术水彩。作者把石材墙面画得非常真实。画面大部分是在阴影里，墙面颜色没有很大的变化，人物的服装也没有很突出的色彩，可以说整个画面都是低调处理的。虽然如此，它仍然是很受人喜爱的作品（图5-14）。

图5-14　某法院建筑　A·霍普金斯（Alfred Hopkins）　绘

图5-15　苏州雨巷　韩金晨　绘

二、城市风光和建筑群

画城市风光时的考虑和画单体建筑没有多少区别，只是内容更丰富，供艺术家处理的余地也更大。由于客体更多更复杂，有时取景难以十全十美，这时可以忽略某些有碍画面的物体，比如很丑的电线杆。作画时还要注意不同物体之间保持和谐。

苏州市的很多部分已经现代化了。只有在一些小巷子里还能找到苏州原有的味道。

我选了这条最有老苏州味道的巷子。雨天更加强了这种味道：人们打着伞走在巷子里。两边是白粉墙和灰瓦的房子。注意人物的疏密关系、高矮关系、远近关系和雨伞的色彩关系。地面的积水是雨天的另一个标志。雨水里的倒影是模糊的，不同于湖水里的倒影（图5-15）。

平遥古城比较完好地被保存至今。尽管游客和灯笼都偏多，古城的气氛还存在。

这幅画选在雨后，建筑物和行人朦胧一些比在光天化日之下更具有古城气氛。雨后的街景适合于用水彩表现，所以常常是水彩画家喜欢画的题材。

在街景里，人物的安排很重要。远近，疏密，步态，色彩都要精心安排（图5-16）。

图 5-16　平遥雨后　韩金晨　绘

　　罗德岛是全世界保存最好的中世纪城市，老城完全保持着中世纪的面貌（新建筑都建在新城）。这幅画就是力图表达这种气氛。

　　建筑物基本上都是一种石材建成的，颜色也都相似。因此要注意观察并表现出石材微妙的色彩变化。

　　画面上安排了一位穿当地服装的妇女，给画面增加地方色彩（图5-17）。

图5-17　中世纪罗德市（Rhodes City）小巷　韩金晨　绘

罗腾堡是欧陆上保存很好的中世纪城市。罗腾堡的几乎每一条街，每一个镜头都入画。作者最终选了这个角度，因为它有带塔楼的城门，透过城门能看到远景；有丰富的红屋顶，包括有白鹳鸟巢的屋顶；街上有商店招牌和路灯；近处有餐饮作为近景；左侧建筑受光，并且有挑檐造成的阴影；右侧建筑是阴面，并在地面上投下阴影。

城门上的塔楼是构图中心，但它在远处，所以对它刻画的简繁程度要掌握适当。右侧建筑既要和左侧受光面有鲜明的对比，又不可黑成一片。暗面里面还要有变化，要画出门窗、线脚等部件（图5-18）。

图5-18　罗腾堡（Rothenburg）街景　韩金晨　绘

建筑师不仅喜爱圣马可广场，而且还欣赏那些不同历史时期的建筑风格、空间的安排、建筑的比例以及细部装饰。所以建筑师在画圣马可广场的时候会比画家更追求建筑的准确。这幅画里非常注意建筑物的准确，因此，这幅画接近于技术水彩。

钟塔是主体，要尽量刻画得精细；教堂是远景，需要适当地简化，明暗对比也要减弱，但建筑比例仍然要绝对准确；门廊用来框景，用暗色调；图书馆和总督府都取到一部分，表达了几个建筑物之间的空间关系（图5-19）。

图5-19　圣马可广场　韩金晨　绘

　　布拉格号称千塔之城。众多的尖塔形成的优美天际线是很好的表现题材。在过去若干世纪里沿着查理桥陆续建造了许多姿态丰富的圣像。以圣像为前景并且从近到远逐渐消失，又以城市的天际线为背景，就形成了很完美的构图。

　　既然天际线和圣像的轮廓线是这幅画的主要表现题材，背光是最好的选择。

　　在构图上，画面中部需要有些物体，但又不可以过分突出。在这幅画里安排了一位穿红衣裙的少女。红色的衣裙和蓝灰色的背景形成对比，丰富了画面。

　　落日的余晖把空气照亮，使桥头塔有淹没在尘埃里的感觉（图5-20）。

图5-20　布拉格查理大桥（Charles Bridge）（一）　韩金晨　绘

　　这幅画采用了不同的手法。既然作为背景的城市建筑具有丰富的天际线，桥上的雕像具有生动的轮廓，又提供了深度感，我们只要把这两个素材表现好就可以取得足够好的效果。其他的部分如天空和地面都可以处理得很简单。

　　时间选在日落时分，基本上没有受光面，只突出轮廓。

　　桥面上略加几笔阳光，使画面中部丰富起来。

　　尽管处理简单，不同物体的色调深浅以及使用的笔触还是经过精心考虑的（图5-21）。

图5-21　布拉格查理大桥（Charles Bridge）（二）　韩金晨　绘

　　这幅画把布拉格最有代表性的尖塔组合在一起并调整了互相的关系，用以表现这座"千塔之城"。远近虚实的安排是构图的重点。

　　为使画面生动有趣，安排了一位趴在屋顶上的少女（图5-22）。

图5-22　布拉格狂想曲　韩金晨　绘

这幅画的取景是要看到尽量多的尖塔，并使高低错落、形状各异的尖塔形成优美的韵律。

描绘尖塔时把尖塔大致分为四个层次：①最远的，只有轮廓，非常虚，采用灰色；②中等距离的，略有体积感，灰调子里略有建筑的固有色；③比较近的，如实描绘但加以概括，采用比较弱的明暗对比；④最近的，如实描绘并采用强的明暗对比。

尖塔以外的屋顶都尽量简化。既减少工作量，又避免喧宾夺主。大部分的红屋顶都被晨雾掩盖。

由于强调的是尖塔，而且尖塔本身造型很丰富，天空的处理应当很简单。只暴露颜色的流动痕迹就足够了（图5-23）。

图5-23　千塔之城布拉格　韩金晨　绘

图5-24　雾伦敦　韩金晨　绘

这幅画的取景代表了伦敦的特色：议会大厦和它的钟塔，双层公共汽车和雾。

具有丰富天际线的议会大厦是理想的远景。近景则是桥和行人。灯柱在构图上和钟塔相平衡。

双层公共汽车既填补了画面右侧的空旷，又给画面增添了伦敦味道。这是个巧妙的安排。

人物的安排是经过仔细考虑的，远近，疏密，不同的姿态，不同的衣着，以至哪个人应该牵着狗，哪个人应该拿着气球等。画面的左侧有些空，让那位女孩拿一个气球来填补（图5-24）。

　　这幅画的构图体现了经典的构图规则：天空占画面的2/5， 主要的建筑物靠近画面的中心但不在正中心，主要建筑物的塔楼是画面的制高点， 右侧有一个小塔陪衬主塔，桥的透视线和坡地的边界线把我们的视线带到构图的中心——主体建筑物，尖柏作为近景处理为暗色调，右侧一组重于左侧一组，尖柏、桥洞以及部分建筑的垂直线条天然地协调，阳光照射的桥和坡地赋予画面暖色调。

　　尖柏的高矮关系和疏密关系是精心安排的（图5-25）。

图5-25　圣地亚哥（San Diego）建筑　Birch Burdette Long　绘

三、自然风景

自然风景比人为的建筑物更多样化，也使得画面更容易活跃。

在大多数自然风景画面里树木都是一个很重要的内容，因此树木的处理非常重要。在前面我们专门讨论了树木的画法，在运用这些画法时要注意和画面里其他物体的画法相协调。比如，如果建筑物处理得很工整，树木就不可以处理得潦草。

茂密的树木是这幅画的主要表现对象。部分树木有阳光照射，部分树木在阴影里。树木的枝叶处理对画面非常重要。

阳光透过树木在地面上形成丰富的阴影。阴影的疏密要画家精心安排。

以一个人作为构图中心。红调子的阳伞和树木形成对比（图5-26）。

图5-26　圆明园小径　韩金晨　绘

秋叶本身就是能给人好感的景象。这幅画里一部分树叶已经落下，另一部分还留在树上。

树干从近到远逐渐变虚，提供了深度感。

蓝色的天空和红黄色的树叶形成良好的色彩对比。

抱着树干仰望天空的少女是这幅画的构图中心和趣味中心。蓝色的衣裙和天空相呼应（图5-27）。

图5-27　秋叶　韩金晨　绘

下图画面里的五匹马各有各的姿态，彼此的关系有密有疏。一匹黑马和一匹白马把三匹棕色的马分开。这样五匹马就形成了生动的构图。

草原从近到远的微妙的色彩变化用不透明水彩更容易充分表现。

这块草原是有坡度的，因此云直接从山的边界先开始画。云的形状暗示云在蒸腾而上，这比平坦的云更富有表现力（图5-28）。

图5-28　乌兰巴统草原　韩金晨　绘

变化多端的田埂和轮廓鲜明的树木具有很好的装饰效果。这幅画的取意就是表现这种装饰效果。

在作画时根据构图需要对田埂和树木的轮廓做些调整。

地块的不同色彩可以根据构图需要来决定。这里安排了两块粉紫色的地块，让它们互相呼应。

深色调的树木由浅色调的远景来衬托，突出了树木富有变化的轮廓。这幅画里树木是受光的。因此有明暗变化和色彩变化，而不是剪影（图5-29）。

图5-29　水田　韩金晨　绘

　　这幅画的对象本身并不像一座塔或一座桥那样有趣味，但画家把颜色画得如此新鲜，如此透明，使得这幅画让人非常有好感。仔细观察这幅画里的色彩，画家没有使用强烈对比的颜色，但微妙变化的颜色非常丰富。可以肯定画家用的是高质量的水彩颜料（图5-30）。

图 5-30　造船场　米勒德·希茨（Millard Sheets）　绘

图 5-31　村景　考茨基　绘

　　这是考茨基的另一幅有代表性的作品。他并不刻意追求表现水的流动，但他的作品仍然具有十足的水彩味。比起一些现代水彩画家的作品，考茨基的水彩画更有文化深度。

　　考茨基画树的方法很成功。既表现了树的体积和结构，又用枯笔表现出树的枝叶（图5-31）。

这座古老的修道院和它前面种植的薰衣草是普罗旺斯最吸引人的景观之一。

描绘薰衣草要对它的色彩和整体的体型用心观察。在不同阳光角度照射下它呈现的色彩会有所不同。这幅画的时间是在午后，薰衣草反射出暖色。

修道院在这幅画里不是近景，占面积也不大，但却是主要描绘的对象，因此描绘的简繁程度要好好掌握。

天空上的云要柔和（和前面斯德哥尔摩情况不同）。这里是用水彩辅以油画棒画出的（图5-32）。

图5-32　塞南克（Senanque）修道院　韩金晨　绘

图5-33 **读书的女孩** 韩金晨 绘

女孩是构图的中心，但树木的安排是这幅画里最重要的。树木的远近、虚实、深浅、粗细、垂直或是倾斜，以及互相之间的距离都要仔细安排，使之形成良好的韵律。

采用逆光，使树木和近景的草地都是暗的，并使树木以剪影的形式出现，避免复杂的处理。这都有利于只突出女孩和她坐的那小片草地（图5-33）。

这是一幅风景速写，目标是只用一种色调，但通过微妙的色彩变化求得丰富的效果。
这和单色水彩不同，单色水彩里只有明度的变化，而这里不仅有明度的变化，也有色相的变化。
只用一种色调的时候，更容易集中注意力在深浅、远近、虚实的处理上（图5-34）。

图5-34　绿色的世界　韩金晨　绘

图5-35 秋天 韩金晨 绘

这幅画选在树叶已经落掉一部分的季节，地上被落叶覆盖，而透过树木可以看到蓝天。

树干的安排是个重要课题，粗细、远近、虚实、深浅、曲直都要仔细考虑。

两辆马车一远一近，互相呼应。马车是秋景的陪衬，而不是主要的表现对象，所以在画面里只能占较小的面积（图5-35）。

建筑师的水彩画基础

　　这幅画所选的景色包含了托斯卡纳景色的主要特点：丘陵地貌，小山包上的人家和尖柏，古城的拱门。

　　从近景到远山的丰富层次是表现的要点。位于第三个层次山包上的人家是构图的中心，它的轮廓线在画面里很突出。近景的拱门起到框景的作用。

　　观景的女孩给画面增添了生气，也增加了色彩（图5-36）。

图5-36　托斯卡纳（Tuscany）景色　韩金晨　绘

112

四、以人物陪衬风景

人物水彩画不在这本书的讨论范围之内。实际上在这些画里，人物只居于次要地位，就像在建筑效果图里一样。也就是在同一个意义上， 建筑师也需要在一定程度上善于表现人物——作为整体的人物，不是头像。

在这些画里，大部分都是以人物陪衬风景。因此人物的选择，以及人物的姿态和服装都要根据风景的需要。

托斯卡纳不仅是塔司干柱式的故乡，而且以它的优美景色而闻名。托斯卡纳景色的特点是丘陵地形，山包上的房屋和柏树。这幅画就是表现这些特点。

表现丘陵或小山时注意几点：①从近到远逐渐消失；②它们的色彩变化一方面来自本身的植被，另一方面是由于空气透视；③在阳光照射下它们有本影和阴影。表现出这几点画面就不会单调了（图5-37）。

图 5-37 画家在托斯卡纳（Tuscany） 韩金晨 绘

　　有丰富装饰的阳台本身很吸引人。但为了突出人物，在画面里不强调这些装饰。所有建筑构件基本上都是浅色调。明暗对比控制在适当程度。

　　突出表现人物。白色的帽子由深色的背景衬托，衣服和领巾采用对比色（图5-38）。

图5-38　阳台　韩金晨　绘

画面里要突出的只是那把大红伞，其他物体都是灰暗的。

前面的人用的蓝伞作为红伞的陪衬。远处的行人和雨伞与近景的人物遥相呼应。

雨水打在所有的物体上，对于雨水的描绘是这幅画的重要部分（图5-39）。

图5-39 雨天 韩金晨 绘

树木在画面里占很大面积。树木的枝干要精心安排。有疏有密，有粗有细，有曲有直，有虚有实。

表现的时间是上午，有薄雾。

树木和近处的草地都是背光的，突出中间的一小片有阳光的草地和遛狗的少女（图5-40）。

图5-40　遛狗的少女　韩金晨　绘

这幅画抓住日本女郎的特点：穿着和服，打着阳伞，一副谦恭的姿态。

红色的阳伞和蓝紫色调子的和服构成对比。深绿色的背景处理得很简单，突出这位日本女郎。

用不透明水彩画人的皮肤更容易掌握（图5-41）。

图5-41　日本女郎　韩金晨　绘

　　这是一个虚构的场面，只想取得装饰效果。教堂的形象只是取意于圣马可教堂。主要表现对象是五颜六色的雨伞。为了突出雨伞，人们的衣着都处理成灰黑色的。需要精心处理的是雨伞和人们的分布——远近，疏密，颜色的分布，深浅衣着的分布。相对而言，地面的积水比较容易表现（图5-42）。

图5-42　朝圣的人群　韩金晨　绘

图5-43　洗衣女孩　韩金晨　绘

这幅画以美丽的漓江风光作为背景，以洗衣女孩为前景。二者之间自然而然地形成远近对比，虚实对比，深浅对比，动静对比和色彩对比。这是一种容易掌握的构图方法。

重点是水面的表现和虚实关系的掌握（图5-43）。

五、表现水面的风景

水是最能表现水感的题材，因此也是画家最喜欢画的题材。表现水面常常通过水里的倒影和波浪。平静的水面反映出清晰的倒影，只在被搅动的部位有波浪和破碎的倒影。水的波浪包括亮面和暗面，还有倒影和高光。掌握水面的这些因素就可以把水面表现好。

表现水面的风景画的构图可以是水占2/5、3/5、或1/2，或是画面完全以水为主，取决于画家的表现意图。

"水似青罗带，山如碧玉簪。"优美的山形和在水里的倒影是理想的表现题材。

选择日落时分只有利于突出山的轮廓线，并且使画面色彩丰富。

渔舟是最合适的近景，在远方的渔舟和近处的渔舟相呼应。

山脚下的树木给画面增加了层次感（图5-44）。

图5-44 漓江渔舟 韩金晨 绘

图5-45　甪直水乡　韩金晨　绘

　　甪直是江南水乡里比较有代表性的一个，而且近年来商业化的程度比其他几个水乡略轻。这个镜头是甪直最有代表性的镜头——水道，摇橹船，小桥，石头台阶。这幅画选取上午时分，从左面照射过来的阳光把左岸的商店以及它们的招牌和灯笼都淹没了，从而进一步减少了商业气氛。
　　由村姑摇橹的船是构图中心。远处的另一只船和它呼应（图5-45）。

窄而长的构图首先给人一个不寻常的印象。

三只船的安排是经过仔细考虑的：一只为主，而且为主的应当在中间；两侧的两只船应当一大一小，他们和中间船的距离应当有差别——一只近一些，一只远一些；两侧的船和中间船的夹角应当有差别；中间船的颜色应当是暖色，两侧的两只船应当是一暖一冷，较近的应是暖色但要和中间船有区别，较远的则是冷色。

水中倒影要运筹好，然后一气呵成。倒影的笔触给这幅画增添了趣味（图5-46）。

图5-46　三只船　韩金晨　绘

强烈的明暗对比容易博得好感。

从近到远逐渐变虚给予画面良好的深度感。

小面积的船夫和乘客的鲜明色彩反衬在大面积灰调子的背景里，这是一种容易取得好效果的处理方法。

墙上悬出的街灯使画面上部免于空旷（图5-47）。

图5-47　威尼斯水街风光　韩金晨　绘

又一幅考茨基的作品，可参考图 5-31的说明。再补充一点我的看法：考茨基从不炫耀技法，而是运用他的技法忠实地为表现对象而服务，所以他运用技法不过分。观察他用枯笔画的水面和石头，画到这个地步把对象表现得恰到好处。一些现代水彩画家倾向于夸张技法，比如夸张雨水里的倒影、夸张枯笔的效果等。这种做法也不错，因为它能创造画面上的一种美感。但相比之下，考茨基的风格更淳朴（图5-48）。

图 5-48　海边　西奥多·考茨基

　　这条水巷不同于游客常去的水巷，两侧停着货船，建筑物底层是栈台。这幅画所要表现的是水巷宁静的气氛。没有强烈的阳光，大部分物体都在阴影里。

　　水面和水里的倒影是主要的刻画对象，船上的防撞缓冲包为画面增加趣味（图5-49）。

图5-49　威尼斯水巷　韩金晨　绘

这是威尼斯一个有代表性的景观。近景的刚朵拉和系船桩与远景的圣乔尔基奥教堂正好形成虚实对比。

需要考虑的是视点的高度。这幅画取的视点高度是希望系船桩打破水平线，而低于教堂的钟塔顶。

远方的教堂一方面要处理得虚，另一方面又希望表现一些它的内容，因为它是画面的焦点。所以在虚的灰调子里显露出一些建筑的固有色。

在近景和远景之间安排了一只刚朵拉，为画面增加了层次。

刚朵拉的红色坐垫露出一小部分，使蓝色调为主的画面丰富起来（图5-50）。

图5-50　威尼斯的刚朵拉　韩金晨　绘